INVENTAIRE
27,413

AF456762

QUELQUES

Considérations

SUR LA CRÉATION

D'UNE FERME-ÉCOLE

DANS L'ARRONDISSEMENT.

CASTELNAUDARY,

IMPRIMERIE-LITHOGRAPHIE DE G.-P. LABADIE.

S

27413

A MM. LES PROPRIÉTAIRES

DE L'ARRONDISSEMENT.

QUELQUES

Considérations

SUR LA CRÉATION

D'UNE FERME-ÉCOLE

DANS L'ARRONDISSEMENT.

CASTELNAUDARY,

IMPRIMERIE-LITHOGRAPHIE DE G.-P. LABADIE.

1847

Un arrêté de M. le Ministre de l'Agriculture et du Commerce, sous la date du 22 avril dernier, vient d'autoriser la création d'une Ferme-Ecole, à Besplas, dans l'arrondissement de Castelnaudary, sur un domaine appartenant à M. Théodore Denille. Les ressources de notre pays étant en quelque sorte exclusivement agricoles, ce fait se recommandait de lui-même à l'attention du public; il se produit d'ailleurs dans des circonstances tellement opportunes, il peut avoir une influence tellement favorable sur le développement et le progrès de notre agriculture, il est si étroitement lié à nos intérêts les plus immédiats, qu'il y a tout lieu de s'étonner de l'indifférence avec laquelle il a été accueilli. Sans doute, il ne faut pas se laisser aller à un enthousiasme chimérique, mais il faut accorder aux choses l'importance qu'elles méritent réellement.

L'arrêté ministériel nous promet pour l'agriculture le progrès et d'utiles améliorations ; dans quelle mesure tiendra-t-il ses promesses? Cela vaut certainement la peine d'attirer l'attention, et de stimuler le zèle des hommes qui s'intéressent à l'avenir du pays.

—

Pour bien apprécier l'utilité d'une institution agricole dans l'arrondissement, disons en peu de mots les conditions générales dans lesquelles se trouvent notre agriculture et nos agriculteurs. La possession du sol est représentée par ce qu'on appelle la propriété moyenne; celle-ci est en général obérée, sa gestion difficile, ses ressources souvent limitées : ou les capitaux lui manquent ou bien sont-ils rarement mis au service de l'exploitation, avec discernement, et dans une juste mesure. Pour augmenter le revenu de la terre, on la pressure, on suit des assolements irréguliers, on donne beaucoup trop d'extension aux cultures épuisantes. Quant à l'agriculteur, il est le plus souvent dans une position de fortune trop modeste, pour tenter avec fruit des expériences régulières. L'emploi de telle méthode, lui serait peut-être plus profitable, mais peut-il raisonnablement livrer aux chances d'un peut-être, ses moyens d'existence? Il est rarement d'ailleurs dans de bonnes conditions, pour faire, avec quelque espoir de succès, l'essai des procédés nouveaux; la plupart ne connaissent pas même de nom, les travaux des Thaër, des Mathieu de Dombasle, des Gasparin, des Boussingault. Il a toujours entendu traiter avec dédain, les savants en agriculture qui n'est pour lui en définitive qu'une affaire de surveillance plus ou moins minutieuse. N'a-t-il pas vu son voisin s'improviser un jour agriculteur, et obtenir, à peu de chose près, les mêmes résultats que lui? Il se borne à faire une agriculture de tradition, d'habitude, de pratiques dont il a hérité en héritant du sol. Il y a bien chez quelques uns un désir vague de suivre une autre voie, d'adopter un nouveau plan, mais pour réaliser ce désir, chez l'un il y a impossibilité, chez l'autre inaptitude. Dans une pareille situation, n'est-il pas naturel de regarder comme très-utile la création d'une Ferme-Ecole qui tenterait, dans l'intérêt de tous, ce que ne peut tenter l'agriculture privée?

—

La propriété de M. Denille mérite-t-elle la préférence qu'on lui a accordée, en la choisissant pour le lieu d'établissement d'une Ferme-Ecole, et son exploitation sera-t-elle proportionnellement assez variée, pour qu'on puisse l'offrir comme modèle de culture, à l'agriculture générale de l'arrondissement? Voici, pour en juger, la situation territoriale et économique de Besplas.

Ce domaine a une contenance totale de 105 hectares 92 ares. Les terres labourables seules y figurent pour 72 hectares environ. Ces dernières ne sont pas toutes d'une même nature: il en est où l'argile domine, ce sont des terres fortement tenaces; d'autres qui, dans des proportions convenables d'argile et de silice, peuvent représenter ce que les Anglais appellent des *Loams* (1); d'autres légères où la silice est en quantité prédominante, mais néanmoins assez consistantes pour pouvoir être cultivées avec profit (2), d'autres enfin purement sablonneuses. L'altitude et la position de ces terres varient d'une

(1) Voici comment M. de Gasparin définit le *Loam* : toute terre qui, contenant de la chaux et de la magnésie ou de l'une ou de l'autre en quantité appréciable, aura en outre 0,10 de silice, et 0,10 d'argile sera un *Loam*. Il y a des Loams inconsistants, meubles ou tenaces.
(De Gasparin, *Cours d'Agriculture*, t. 1er, p. 301.)

(2) Un dixième d'argile suffit pour donner aux terres légères, un liant suffisant.

manière très-sensible ; leur ensemble offre un aspect accidenté, par le fait des plans horizontaux ou inclinés à des degrés différents, dans lesquels elles se trouvent situées, tout autant de conditions très-propres à des expérimentations diverses.

On compte 21 hectares 29 ares de terres en friche (hermes) presque toutes livrées à la dépaissance vague, et, il faut le dire, avec quelque succès : M. Denille possède un des beaux troupeaux de l'arrondissement. Ce n'est pas que je regarde l'emploi de ces terres comme le plus avantageux, je crois au contraire qu'il serait possible de changer la destination de quelques-unes d'elles d'une manière profitable, soit en les faisant entrer dans des assolements réguliers, soit en faisant quelques tentatives de boisement. Je ne puis l'affirmer, mais il me semble que M. Denille a fait des essais de ce genre.

On récolte à Besplas, de tous les produits cultivés dans le pays, blé, maïs, orge, avoine, seigle, etc.

Les cultures fourragères y ont un développement avantageux et varié ; leur emploi bien ordonné y a donné quelques produits dans l'espèce bovine, qui permettent d'espérer de plus grands résultats.

Il y a en vignes 2 hectares 36 ares, et en bois de différentes essences, 8 hectares 43 ares.

Ces deux contenances sont un complément fort utile dans l'ensemble d'une culture générale.

Je ne dois pas omettre de mentionner, que sur la totalité des terres de Besplas, il existe quelques terrains maigres, peu profonds, à sous-sol très-ingrat, qui peuvent être l'objet de recherches fort intéressantes, et d'expériences d'une haute utilité.

Il est enfin une contenance de 1 hectare 23 ares en prairie naturelle, et je suis même persuadé qu'il serait facile de trouver quelques dispositions de terrain éminemment propres à des travaux d'irrigation.

Sans classer Besplas parmi les terres privilégiées de première valeur, cet aperçu fort succinct laisse voir qu'on peut se livrer, sur ce domaine, à une culture aussi riche que variée, qui représentera fidèlement l'agriculture de l'arrondissement. Et c'est là surtout ce que l'on devait se proposer dans le choix d'un lieu propre à l'établissement d'une Ferme-Ecole. L'on ne saurait, en effet, trop insister sur un point aussi essentiel, à savoir : que dans les essais, les expériences, les pratiques d'une institution de cette nature, chacun puisse établir un terme de comparaison avec la culture qui lui est propre, et y puiser une leçon utile. C'est une condition qui pourra être facilement remplie à Besplas, sous les auspices d'un directeur éclairé, et d'un enseignement élevé, puisé aux doctrines des grands-maîtres, dans le but de la culture générale de l'arrondissement. Ce but sera d'autant plus aisé à atteindre ici, que ce domaine se trouve déjà dans de très-satisfaisantes conditions, grâce à l'excellente direction imprimée par son propriétaire, qui consacre les loisirs d'une riche position, et les avantages que donne une instruction solide, aux progrès de l'agriculture.

—

La création d'une Ferme-Ecole n'est pas un fait nouveau et sans analogue. Des institutions de ce genre sont déjà établies ailleurs depuis longtemps, et, plus ou moins, personne n'ignore les services rendus par elles à l'agriculture. Il me paraît seulement qu'on les a soumises à un plan trop vaguement uniforme, et qu'on n'a pas fait assez la part des besoins particuliers et divers, de régions agricoles complètement différentes. Voici ce qu'on lit à l'article 1er de l'arrêté ministériel : *Cet établissement* (la Ferme-Ecole de Besplas) *est destiné à former de bons métayers, maîtres-valets ou contre-maîtres, en un mot, des agents éclairés, propres à hâter le progrès de l'agriculture locale.* Cette disposition sommaire ne me paraît pas tenir suffisamment compte de la constitution du sol dans une partie du midi de la France et dans notre arrondissement en particulier. Ce n'est pas ici qu'il faut chercher ces grandes exploitations qu'on appelle la grande propriété, ni le système compliqué de ces vastes agglomérations territoriales. De plus, il ne faut pas perdre de vue les habitudes des populations : les professions industrielles sont rares parmi nous, et il n'existe presque pas de ces hautes positions financières qui regardent la propriété comme un placement, dont ils confient la gestion absolue à des hommes d'affaires, régisseurs versés dans la pratique agricole. L'étendue de la propriété, tout en ayant quelquefois une certaine importance, est généralement plus restreinte, et la position de fortune de nos agriculteurs, comme je l'ai déjà observé, est communément plus modeste. Loin de confier l'exploitation de leur bien à des mains étrangères, ils administrent par eux-mêmes, sans intermédiaire. Les métayers, maîtres-valets, valets de ferme, sont des agents qui travaillent directement sous leurs ordres, et qui, à de très-rares exceptions près, ne sont pas intéressés à la direction générale du domaine. Cela étant, tout en cherchant à propager les bonnes méthodes, à répandre l'instruction agricole chez tous les agents compris sous des dénominations diverses, on doit, ce me semble, se préoccuper surtout d'imprimer à la direction un mouvement progressif, en lui faisant abandonner les vieilles ornières de la routine, pour entrer dans la voie scientifique et expérimentale. Il devrait être donné à l'administration de la Ferme-Ecole de Besplas de combler cette lacune qu'on remarque dans l'arrêté ministériel ; et cette tâche lui sera d'autant plus facile, qu'ayant la parfaite connaissance des hommes et des lieux de notre arrondissement, elle comprendra qu'il est plus important pour notre agriculture de former de bons propriétaires que de bons régisseurs. Dans d'autres contrées, où la propriété est plus vaste que chez nous, où les habitudes sont différentes, où le propriétaire ne gère pas directement, on devrait s'attacher au contraire à former de bons régisseurs. Chaque région agricole a des tendances, des ressources, des moyens qui lui sont propres. C'est du devoir de l'administration d'en faire l'objet de ses études, et de puiser le succès dans ces éléments.

—

En examinant avec attention ce qui domine dans notre agriculture, on verra sans contredit que ce sont des faits de détail. Ce n'est pas certainement le zèle et l'activité qui manquent chez nos propriétaires, leurs intérêts en répondent : mais c'est le plus souvent une activité mal entendue, sans profits, sans plan, sans méthode. Nulle part de ces idées générales et synthétiques, qui portent partout la lumière avec elles. L'établissement d'une Ferme-Ecole pourrait apporter un puissant remède à cet état de choses. Toute école, en effet, se résume dans un enseignement qui a pour objet de tenir compte de tous les faits isolés, de les étudier, de les grouper ensemble sans esprit de système, et d'arriver, par des inductions légitimes, en théorie à une synthèse, en pratique à une méthode. Il n'est pas difficile de prouver tous les avantages qui ressortiraient d'un pareil enseignement conçu sur un plan assez vaste pour permettre d'embrasser l'agriculture générale dans l'état actuel de la science, et qui s'attacherait surtout à traiter les questions spéciales ayant un rapport plus direct avec l'agriculture de l'arrondissement.

Or, combien de questions non résolues, pleines cependant d'intérêt et d'avenir : celle de l'alternance des plantes ou des assolements, si peu avancée parmi nous, et l'une des conditions premières de toute bonne agriculture. La culture des fourrages qui tient sous sa dépendance l'agriculture entière, sur laquelle nous avons bien quelques données particulières, mais qui demande de nouvelles expériences et une étude complète embrassant tous les faits de détail. La culture de la vigne qui a bien pu réussir dans quelques situations particulières, et qui néanmoins ne saurait être proposée présentement comme système général de culture. On comprendra toute la portée de ce problème, si l'on considère les résultats puissants de cette culture dans des arrondissements limitrophes. La culture du maïs, que l'on peut regarder à bon droit comme une plante providentielle, vu les services nombreux qu'elle rend à notre agriculture et les ressources importantes qu'elle met à notre disposition. C'est, en effet, une de ces plantes précieuses, au moyen desquelles on peut se promettre de réduire avantageusement la jachère (1). Voici ce qu'en dit M. de Gasparin : « On sait « combien est petit le nombre de plantes sar- « clées qui étant d'un débit facile puissent don- « ner du profit. Ce problême a beaucoup oc- « cupé un de nos anciens et regrettables collè- « gues, M. Morel de Vindé; il a été résolu « pour le Nord au moyen de la betterave, quand « on en a fait du sucre; par la pomme de terre, « quand on en a retiré de l'alcool et de la fé- « cule. Mais bien longtemps avant ces derniers « progrès, le Midi possédait le maïs, et les

(1) Il a été fait chaque année pendant 12 ans, du maïs sur un champ, et, toutes choses égales d'ailleurs, on n'a pas remarqué de différence avec les récoltes de maïs environnantes. Je dois la connaissance de ce fait à l'un des agriculteurs les plus distingués du pays.

« plaines de la Garonne, les vallées du Jura « et la Lombardie doublaient leurs produits au « moyen d'une plante qui permettait de nétoyer « le sol, et fournissait une nourriture abondante « et économique à leurs populations. Le maïs « commence, en effet, la série des plantes sar- « clées, qui manque dans tous les pays arriérés, « où elle n'existe que par exception, et qui, « dans ceux où elle est régulièrement intro- « duite, est le couronnement et la gloire de « l'agriculture (1). » Nous-mêmes, depuis deux ou trois ans, n'avons-nous pas pu apprécier les avantages incontestables de cette culture; et n'est-il pas du plus haut intérêt de savoir dans quelles limites nous devons la pratiquer; si nous devons la restreindre ou lui donner une plus grande extension (2)?

Et ces questions d'hygiène rurale qui intéressent à un si haut degré la fortune des propriétaires, l'enseignement sera encore appelé à les résoudre. Une épidémie emporte un troupeau, voilà une perte considérable, qui peut

(1) *Cours d'Agriculture*, tome III, page 745.

(2) Les expériences relatives à la panification du maïs, et à la possibilité de dépouiller le grain de son huile, de manière à empêcher la farine de rancir, que M. de La Passe vient de communiquer à l'Académie des Sciences, vont peut-être ouvrir à cette plante une ère nouvelle de prospérité.

être suivie d'une autre non moins grande, car le mal n'a pas achevé ses ravages : un nouveau troupeau, mis dans la même bergerie, va être décimé, anéanti peut-être par la même maladie. Adressez-vous dans ce cas à la routine, à coup sûr vous n'aurez que des résultats vagues, sinon négatifs : l'enseignement s'adressera à la physiologie animale, à la pathologie comparée, à l'hygiène générale, et il sera bien près d'avoir résolu scientifiquement le problême. Un enseignement pareil, à Besplas, qui traitera de semblables questions, je n'en ai énoncé que quelques-unes, questions afférentes à nos besoins, auxquelles est lié l'avenir de nos propriétés; un enseignement qui traitera de ces matières, au point de vue le plus pratique, d'après les méthodes sûres, sans se perdre dans les nébulosités de la théorie, un pareil enseignement ne peut que prospérer et obtenir l'assentiment des hommes qui veulent sérieusement le progrès du pays. Ce n'est pas que je veuille en rapetisser le programme, et, par un égoïsme déplacé, ne lui donner d'autre importance que celle de nos intérêts; ce n'est point là ma pensée. Il doit, au contraire, embrasser l'ensemble de la science, d'après un plan large et élevé, mais il est bien naturel que nous lui demandions de s'appesantir sur des questions qui sont l'objet de nos préoccupations constantes.

—

BIBLIOTHEQUE ROYALE

Entr'autres dispositions, touchant la Ferme-Ecole de Besplas, je lis la suivante à l'article 14 de l'arrêté ministériel : « Le directeur en sa « qualité de propriétaire, exploitant le domaine « sur lequel l'Ecole est établie, devra obtenir, « chaque année, après le laps de temps jugé « nécessaire pour qu'il soit en roulement normal, « un produit net, au moins égal à celui four- « ni par les autres exploitations de la même « région, en tenant compte des circonstances « différentes. Si, au-delà de l'époque indiquée « plus haut, l'exploitation restait dans un état « d'infériorité qui ne pourrait être expliquée « que par quelques faits extraordinaires, l'Ecole « serait supprimée et le concours du Gouver- « nement cesserait aussitôt. » D'après cette rédaction, il me paraît que l'on ne s'est pas fait une juste idée de la différence qui doit nécessairement exister entre l'exploitation qui aura lieu à Besplas, et l'exploitation des fermes ordinaires. Ici le propriétaire peut bien s'occuper d'améliorations, mais ce qui sera le mobile de sa pratique, ce sera son revenu net, son intérêt particulier, les résultats qui lui sont propres. Peu lui importe qu'il arrive à ses fins par la routine, par des procédés que désapprouve la théorie, il ne peut courir après l'incertain. Tel moyen employé à titre d'essai, pourrait être couronné de succès, comme il peut aussi complètement échouer, et il ne peut se contenter d'espérances aussi vagues. Il marchera droit au but par des moyens connus et où il pourra calculer toutes les chances. C'est d'après un point de vue tout différent, au contraire, que doit être dirigée l'exploitation de la Ferme-Ecole : c'est pour ainsi dire, des études au nom de tous qu'on y entreprend. Tel perfectionnement ne peut être obtenu que par des essais, des expériences nouvelles, des tâtonnements, des sacrifices peut-être, on n'hésitera pas, on se mettra à l'œuvre, non pas légèrement, sans examiner de près le résultat probable, mais pas dans ce but exclusivement. Au lieu de succès, on n'obtiendra que des revers; mais chacun profitera de ces revers, comme il eût tiré profit du succès; ce sera un précédent établi, une inconnue dégagée du problême. L'on s'était proposé de résoudre tel point de théorie, telle difficulté de pratique, par la voie expérimentale, et par ce moyen l'on arrive aussi à des résultats négatifs; mais pour qui la consulte, l'expérience est toujours pleine d'enseignements utiles. Que l'on examine du reste la pratique d'autres institutions agricoles. Comment les choses s'y passent-elles ? Quels sont les résultats? N'y enregistre-t-on que des succès? bien au contraire. Et j'en pourrais citer plusieurs qui ont souvent soldé leurs comptes en perte. Sans doute, le Gouvernement en accordant son concours à la Ferme-Ecole de Besplas, a plein droit de surveillance, il a pour cela ses inspecteurs, c'est de toute justice; mais il ne doit pas tant s'attacher aux résultats matériels de l'exploitation, qu'aux enseignements dont elle sera la source, aux progrès qu'elle fera naître, à l'élan qu'elle imprimera à l'agriculture de l'arrondissement. Et à cet égard qu'il me soit permis d'exprimer toute ma pensée : je regarde comme un bienfait, la subvention accordée pour la fondation et l'entretien de l'Ecole, mais pour que l'œuvre fût plus complète et plus profitable, on aurait dû, ce me semble, l'étendre à un autre objet.

Le propriétaire de Besplas reste chargé de l'exploitation, dont les résultats sont pour son compte : seulement, on lui impose, comme condition, d'avoir un revenu net au moins égal à celui d'autres fermes situées dans la même région. C'est de son intérêt évidemment de se conformer à cette injonction, et pour cela qu'a-t-il à faire? Sinon de suivre les mêmes pratiques et les mêmes procédés en usage dans celles-ci. En employant les mêmes moyens, il est sûr d'arriver aux mêmes résultats. Ira-t-il, dès lors, dans un espoir incertain, faire l'essai de méthodes et d'expériences qui l'éloigneraient peut-être du but qu'il lui faut atteindre; ce n'est pas probable. Sans doute, pour que l'exploitation fût la traduction pratique de l'enseignement de l'école, faudrait-il faire de cette agriculture dont nous parlions tout-à-l'heure, où les revers comme le succès sont des moyens pour arriver au progrès; mais il faut songer avant, à un revenu net au moins égal à celui des fermes environnantes. N'eût-il pas été préférable que le Gouvernement prît pour son compte le revenu du domaine, sauf à indemniser équitablement le propriétaire? De cette manière, sans se préoccuper trop exclusivement du résultat, on eût pu arriver au progrès par toutes les voies possibles, et rendre l'exploitation de la ferme complètement indépendante.

Il est encore quelques difficultés contre lesquelles on aura certainement à lutter. Ainsi, par exemple, le temps des études est fixé à trois ans, et chaque année il entrera huit élèves nouveaux à l'école, ce qui en porte le nombre à vingt-quatre. Or, je me demande s'il sera facile de trouver vingt-quatre jeunes cultivateurs assez instruits pour mettre à profit l'enseignement de l'école, disposés à passer trois ans à Besplas, obligés de vaquer aux travaux de la ferme, et n'ayant droit qu'à une faible indemnité, qui leur sera accordée à titre de récompense, suivant leurs progrès et leur bonne conduite?

Quoi qu'il en soit, je suis plein de confiance dans l'institution qui s'ouvrira à Besplas le 1er octobre prochain, dans le bon-vouloir que mettra le Gouvernement à la seconder, et dans les garanties des hommes honorables qui doivent en assurer le succès.

—

Le perfectionnement et le progrès de notre agriculture, tel est certainement ce que nous devons espérer de l'établissement de l'école de Besplas. Mais pour obtenir un pareil résultat, si favorable aux intérêts du pays, ce n'est pas assez d'un moyen : le but est assez louable pour qu'on cherche à l'atteindre de plusieurs manières différentes, par des efforts communs et simultanés. Chaque force employée isolément a son efficacité, mais si l'on en a plusieurs appliquées dans le même sens, leur résultante ajoutera à l'effet de chacune d'elles employées séparément. Pour arriver à une telle fin, il serait à désirer que chacun, dans la limite de ses moyens, prêtât un concours actif à une chose aussi profitable à tous.

Quel est l'agriculteur qui n'a eu cent fois l'occasion d'étudier la nature sur le fait, de faire tels rapprochements, d'attribuer tels résultats à telle cause, de calculer les chances de telle opération, d'avoir à se reprocher tel revers, à s'applaudir de tel succès : évidemment c'est l'histoire de chacun. Et cependant, combien de remarques semblables, pleines d'intérêt et d'enseignements, sont restées dans l'oubli, sans profit aucun, pour n'avoir pas été communiquées pour n'avoir pas été soumises à la lumière vivifiante de la discussion et de la publicité. C'est autant de perdu par notre faute; nous agissons trop isolément, et nous perdons le bénéfice incontestable qu'il y aurait à nous offrir un concours réciproque. Cela tiendrait-il à ce fâcheux amour-propre qui fait que nous avons de la peine à avouer nos insuccès, ou à cet autre plus déplacé encore qui fait que nous croyons toujours mieux faire que les autres? S'il en était ainsi, nous ne saurions mettre trop d'empressement à agir d'une manière toute différente.

C'est une vérité banale à force d'être vraie, que de dire que le concours intelligent des masses, c'est le succès. Des milliers de faits le démontrent; je cite le suivant, parce qu'il date d'hier, qu'il s'est accompli sous nos yeux, que nous pouvons mieux l'apprécier dans ses résultats. Il a fallu bien du temps avant que la science créée par les beaux travaux de Quesnay, de Turgot, d'Adam Smith eût son rang légitime dans la série des connaissances humaines : c'est qu'encore on était peu familiarisé avec les principes que ces hommes illustres avaient enseignés. Mais une fois qu'ils eurent pénétré dans la société, qu'on en eût compris toute la portée, on demanda que la liberté commerciale fût inséparable de la liberté du travail. Dans ce but, une agitation immense est produite ; on poursuit l'œuvre en commun, avec énergie et persévérance, et la fière aristocratie anglaise cède à regret aux ligueurs de Manchester, un de ses plus importants priviléges, en abolissant la loi sur les céréales. Ce que chacun isolément eût demandé en vain, a été obtenu par les efforts combinés de tous.

C'est avec des moyens semblables qu'on arrive à des succès analogues. Nous voulons tous sérieusement le perfectionnement de notre agriculture, exprimons aussi nos vœux en commun, réunissons nos efforts, doublons nos chances en doublant nos moyens d'action. Et si, d'un côté, nous avons l'enseignement et la publicité périodique de Besplas, ayons de l'autre des assemblées régulières ouvertes aux propriétaires, sous les auspices d'hommes considérables et zélés, où les intérêts agricoles seront discutés en commun, où chacun trouvera, dans la pratique d'autrui, un contrôle de la sienne propre, où les faits douteux pourront être éclairés par la voie d'une enquête facile, et où, enfin, des faits isolés on pourra déduire quelques faits généraux, utiles en théorie, utiles en pratique. C'est aux hommes influents de l'arrondissement, qui par leur position ont à s'occuper de la chose publique, c'est à eux que je m'adresse : qu'ils se demandent si des réunions trimestrielles semblables, qui auraient la simplicité de toutes les choses sérieuses, et un but élevé, touchant aux plus graves de nos intérêts, si de semblables réunions, dis-je, ne seraient pas des plus propres à hâter le développement et à assurer le progrès de l'agriculture. A ces hommes je demande aussi qu'ils veuillent bien juger une pareille mesure, non par l'insuffisance de celui qui la propose, mais par les services qu'elle serait susceptible de rendre au pays.

—

Prononcez devant quelques agriculteurs les mots de progrès et de perfectionnement, ils vous sourient dédaigneusement, vous traitent d'utopiste, et se croient dans l'obligation de vous adresser charitablement quelques conseils pour vous faire rentrer dans la bonne voie. Pour eux, l'agriculture est comme une tradition dont ils gardent précieusement le dépôt; à toutes les objections, ils ont à vous citer un proverbe, et si vous ne paraissez pas convaincu, ils se résument en disant : *Le temps guérira tout cela.* Il en est d'autres de très-bonne foi, pleins de confiance dans leurs procédés, pleins aussi d'indifférence pour ce que pratiquent les autres, qui sans s'enquérir de ce qui se fait ailleurs, affirment néanmoins qu'on ne saurait mieux faire.

Ceux-là sont dans l'erreur de ces enfants qui croient que le monde entier finit à leur horizon. Il en est enfin sur les limites du doute, qui sans nier complètement une agriculture plus avancée que celle qu'ils pratiquent, vous disent victorieusement, aux résultats on juge l'œuvre. Qu'il me soit donc permis de leur citer d'autres œuvres et d'autres résultats que ceux qu'ils obtiennent, et peut-être alors leurs doutes se dissiperont, peut-être même l'obstination et l'indifférence des autres seront-elles fortement ébranlées. J'emprunte la citation suivante à un article que M. de Molinari a publié dans le *Journal des Economistes*, n° du 15 janvier 1847. C'est le compte-rendu de l'exploitation d'une Ferme anglaise appartenant à M. Bell, dans le comté de Berwick. Ces renseignements sont pris dans une enquête, et dans les pièces officielles publiées en Angleterre par le Parlement. Il s'agit d'une Ferme de moyenne étendue (222 hectares). L'assolement était le suivant :

1re année.	5 hect.	navets.
—	38	jachère
2me.	43	blé et orge.
3me.	43	pâturages.
4me.	43	pâturages.
5me.	43	avoine.
	215 hect.	
	7	pâturages permanents.
Total.	222 hectares.	

La Ferme est exploitée par dix journaliers et treize chevaux.

DÉPENSES.

Une année de location de la Ferme. . .	19,050 f.
Taxe, impôts.	675
Salaire des journaliers à l'année.	5,625
Travaux accidentels pendant la moisson. .	4,750
Semences.	4,750
Nourriture des chevaux.	5,375
Réparations des bâtiments.	525
Charpentier, Bourrelier, etc.	1,525
Dépenses accidentelles.	625
Chaux pour fumer les terres.	2,775
Os.	400
Dépenses de desséchements.	400
Perte de chevaux, Machine à battre. .	1,000
Total.	47,475 f.

RECETTES.

Blé	1,075 hectolitres	à	16,90. . .	18,167 f.
Avoine	1,368	à	9,15. . .	12,516
Orge	199	à	12,30. . .	2,447
Pois.				2,100
Vente du bétail.				22,300
			Total. . . .	57,530 f.
Différence ou profits du fermier. .				10,055 f.

La principale conclusion que je veux tirer de ce tableau est, qu'une propriété de 222 hectares, a donné un revenu net de 29,105 fr.,

19,050 pour une année de location de la ferme, et 10,055 fr. constituant les bénéfices du fermier. Si l'on compare ce produit à ceux que nous obtenons dans nos métairies, on verra qu'il nous reste beaucoup à faire pour arriver à de pareils résultats. En effet, pour faire l'équivalent d'une ferme de cette importance, il ne faudrait pas moins, dans nos pays, qu'une propriété exploitée par quinze paires de bœufs; or, avec les méthodes que nous employons, et les assolements en usage, il faut admettre, chacun à cet égard peut consulter ses propres chiffres, que pour avoir un revenu net moindre d'un bon tiers, il faudrait de bonnes conditions de terrain, des années favorables, et je dirai même une exploitation fort intelligente et des soins assidus. Quelles causes peut-on invoquer pour expliquer de pareilles différences dans les résultats? Elles se résument toutes dans les deux principes suivants qui sont le fondement de l'agriculture anglaise : Enlever le moins possible à la terre de ses propriétés productives, lui en communiquer de nouvelles le plus souvent. On atteint ce but par des assolements d'une longue durée, qui font que le retour des plantes épuisantes n'a lieu qu'à de longs intervalles, et par une grande extension donnée à la culture fourragère, qui assure une grande production d'engrais.

Les deux principales sources de revenus dans le tableau ci-dessus, sont le blé et la vente du bétail. Quarante-trois hectares ont donné 1,075 hectolitres de blé et 199 hectolitres d'orge. Avec un assolement triennal le plus généralement, je dirai presque exclusivement en usage dans notre pays, il serait difficile d'obtenir un résultat aussi avantageux. C'est qu'une culture aussi épuisante que celle du blé, revenant chaque trois ans sur les mêmes terres, celles-ci ne peuvent se trouver dans un état d'appropriation aussi riche que dans un assolement de plus longue durée. L'autre revenu plus important encore que le blé, consiste dans la vente du bétail; il est porté au chiffre de 22,300 fr. Pour l'obtenir quels sacrifices a-t-on faits? On a mis en fourrages non permanents deux soles de 43 hectares chacune, en navets 5 hectares, et l'on a disposé de 7 hectares de fourrages permanents. Ce qui, sur 222 hectares, donne une contenance de 98 hectares, qui a été consacrée pour obtenir 22,300 fr. L'on se tromperait toutefois étrangement, si l'on pensait que tout le profit consiste dans le prix de vente : il en est un autre non réalisé, mis en demeure sur la ferme, dont les avantages ne sont pas moins à considérer; car c'est sur lui que repose tout l'avenir de la propriété dans ses résultats ultérieurs. Je veux parler des engrais.

D'après une opinion fortement accréditée parmi nous, l'entretien et l'élève du bétail ne serait possible qu'à la condition d'avoir des prairies naturelles. L'exemple que j'ai cité vient détruire victorieusement cette erreur, puisque sur 222 hectares il n'y en a que 7 en prairies naturelles permanentes; les autres fourrages sont de prairies artificielles, des racines cultivées sur des terres rentrant à temps fixé dans la rotation de l'assolement. Il existe, il est vrai, chez nous quelques propriétés où l'on a de la peine à obtenir des fourrages; mais on peut presque toujours en trouver la cause dans un vice de l'exploitation, et, dans tous les cas, ce ne serait tout au plus qu'une difficulté qu'il ne faut pas regarder comme insurmontable. La majeure partie de nos terres est très-propre à cette culture, et un assolement où elle dominerait, donnerait à coup sûr les mêmes résultats que l'on obtient ailleurs. Il faut seulement avoir toujours présente à l'esprit une chose, c'est que l'important n'est pas de produire des fourrages, mais bien de les faire consommer avec bénéfice.

Enfin, dira-t-on, ce qui est possible dans une grande exploitation ne l'est plus dans celles d'une petite étendue. La grande propriété, c'est incontestable, possède de très-grands avantages: elle offre plus de puissance dans les moyens, plus de ressources contre les difficultés à vaincre, plus de variété dans les opérations; et, sous une même direction, il est toujours plus facile d'apporter plus d'ordre, plus d'économie, plus de précision que sous des directions multiples. Ainsi, dans l'industrie et pour les mêmes raisons, le succès suit-il plutôt les vastes entreprises et les grandes associations de capitaux. Voilà ce que personne n'a jamais contesté, et un point sur lequel ont été d'accord tous ceux qui ont eu à s'occuper de cette importante question de la grande et de la petite propriété. S'il y a eu quelque confusion et quelque obscurité dans les discussions qui se sont élevées à ce sujet, cela tient à ce qu'on a souvent donné des limites exagérées à ce qu'on doit entendre par grande propriété, et qu'on a regardé à tort comme synonymes les mots grande propriété et grande culture, petite propriété et petite culture (1). La grande culture, il est vrai, accompagne ordinairement la grande propriété, mais il faut se garder d'ériger ce fait en règle générale. Comme une magnifique exception, on pourrait citer ces petites Fermes des Flandres, qui, dans des limites tout-à-fait exiguës, emploient les procédés de la grande culture, et obtiennent les résultats

(1) Voyez, sur ce sujet, deux leçons que M. Rossi a publiées dans son *Cours d'Economie politique*, tome II.

les plus avantageux. Si j'avais à entrer plus avant dans cette question, il serait facile, puisant dans un autre ordre de considérations, de réfuter pleinement les quelques rares défenseurs de la grande propriété, et de faire voir que leurs craintes sur l'action de ce dissolvant qui menace de réduire notre sol en poussière, comme ils disent, ne sont autre chose que l'expression de leurs regrets pour le passé. En nous rendant tous aptes à devenir possesseurs du sol, il nous a été légué une magnifique prérogative; et cette division des terres, qui ne paraît pas devoir dépasser les limites où elle est arrivée aujourd'hui, suivant l'expression d'un écrivain éminent (1), sauve tous les jours le pays des horreurs de l'anarchie.

Ce que je voulais établir présentement, et ce qui me paraît à l'abri de toute contestation, c'est que dans l'état où se trouve la propriété dans nos pays méridionaux, et avec les procédés de la grande culture, il nous est possible d'obtenir des résultats aussi avantageux que ceux que j'ai cités. C'est du reste à l'expérience, à elle seule, à prononcer en dernier ressort, mais au moins faut-il la consulter.

---

(1) Troplong. *Commentaire sur les priviléges et hypothèques*. Préface.

Si l'agriculture est restée en dehors de la voie progressive, où ont marché avec tant de succès les autres sciences d'observation, cela tient à ce qu'elle n'a pas mis en usage les mêmes méthodes et les mêmes moyens d'investigation. Pour beaucoup de personnes, en effet, les mots science et agriculture, sont deux mots essentiellement incompatibles : L'un c'est la théorie avec ses abstractions, l'autre c'est la pratique avec ses certitudes. Vouloir associer deux faits si disparates, et mettre en quelque sorte l'un sous la dépendance de l'autre, c'est là un leurre bon seulement pour les dupes. Quelque fausses et étranges que puissent paraître ces idées, elles n'en sont pas moins fortement accréditées quelquefois même chez des hommes d'un mérite incontestable.

Comme toutes les sciences, l'agriculture a un côté théorique et un côté pratique. Ce sont cependant les faits pratiques qui constituent son domaine principal, et craindre que ceux-ci ne soient sacrifiés à la théorie, ou étouffés par elle, c'est être évidemment dans l'exagération et le préjugé; en employant la méthode scientifique avec des guides aussi fidèles que l'observation et l'expérience, il serait difficile de s'égarer. Avec eux on pourra, au contraire, apporter plus de précision et arriver au résultat final d'une manière moins incertaine et d'après des données plus exactes.

Etablissons ces propositions par un exemple: L'on dit, tous les jours, en termes très-vagues, qu'il faut faire des avances pour mettre un bien dans un état d'appropriation convenable. Or, voici le risque que l'on court, si l'on opère en dehors des règles établies par l'observation, et des principes consacrés par l'expérience; ou l'on reste en deçà du but que l'on se propose en disséminant ses ressources, et en ne concentrant pas leur action dans la mesure qui est la plus profitable, ou bien ce but est dépassé, par leur accumulation mal entendue, par une sorte de profusion stérile. Dans tous les cas, ce sont des capitaux mal engagés et improductifs. Pour savoir le point qu'il faut atteindre, l'épaisseur de la couche, si je puis ainsi parler, qu'il faut répandre sur le sol, la science indique les procédés qu'il faut mettre en usage. Il faut par l'expérience arriver à des indications précises sur la composition, la tenacité, la friabilité, l'hygrospicité des terres; la faculté qu'elles ont de se dessécher ou de s'échauffer plus ou moins promptement sous l'action des rayons solaires; leur tendance plus ou moins grande à absorber l'oxigène; la profondeur de la couche arable; la nature du sous-sol, le milieu climatérique sous lequel elles sont situées... etc. Ce sont là en partie les expériences que Schübler a publiées déjà depuis bien longtemps; expériences qu'il est facile à chacun de répéter, car elles n'offrent aucune difficulté, et n'exigent nullement, comme quelques personnes le supposent, l'habileté spéciale d'un chimiste consommé. A l'aide de ces moyens, il devient possible d'obtenir dans la pratique une régularité telle qu'on peut savoir à une approximation des plus justes, les résultats définitifs de toute opération culturale. C'est, cependant, pour ces méthodes que l'on conserve d'injustes méfiances et des répugnances que l'on a de la peine à comprendre, surtout devant les bienfaits dont nous leur sommes déjà redevables. Si Bakewell créa ces magnifiques races, qui sont la plus belle gloire de l'agriculture anglaise, si Thaër enrichit la pratique de ces idées fécondes sur les cultures alternes, si tous les jours d'importants travaux sont entrepris pour arriver à quelque perfectionnement utile, c'est à ces méthodes mêmes que nous le devons. Que s'il y avait pour nous quelques difficultés pour entrer dans cette voie nouvelle, il faut espérer que la pratique et l'enseignement de Besplas sauront les aplanir.

—

J'ai voulu surtout, dans ces quelques considérations porter l'attention des agriculteurs, sur un fait qui ne méritait pas l'indifférence avec laquelle il a été accueilli. J'ai voulu prouver que si l'école de Besplas comprend sa mission, si elle tient compte des besoins, des tendances, des ressources de notre agriculture, elle sera pour celle-ci une source précieuse d'enseignements féconds et utiles. Comme toute institution qui commence, elle aura des écueils à éviter, des difficultés à vaincre, mais j'ai l'espoir qu'elle surmontera tous ces obstacles. Si l'on avait de la peine à admettre que nos intérêts agricoles sont étroitement liés à son avenir, cela tient à ce que nous ne voulons pas comprendre que nos intérêts privés sont dominés par les intérêts généraux, quelle que soit leur nature, qu'ils soient politiques, sociaux, agricoles ou économiques : C'est là pourtant une de ces vérités qu'on ne saurait trop proclamer.

D.r GALABERT.

Castelnaudary, 20 Août 1847.

www.ingramcontent.com/pod-product-compliance
Ingram Content Group UK Ltd.
Pitfield, Milton Keynes, MK11 3LW, UK
UKHW022153190726
13855UKWH00004B/1458